Bibliografische Information der Deutschen Nationalbibliothek:

Die Deutsche Bibliothek verzeichnet diese Publikation in der Deutschen National-
bibliografie; detaillierte bibliografische Daten sind im Internet über http://dnb.d-
nb.de/ abrufbar.

Dieses Werk sowie alle darin enthaltenen einzelnen Beiträge und Abbildungen
sind urheberrechtlich geschützt. Jede Verwertung, die nicht ausdrücklich vom
Urheberrechtsschutz zugelassen ist, bedarf der vorherigen Zustimmung des Verla-
ges. Das gilt insbesondere für Vervielfältigungen, Bearbeitungen, Übersetzungen,
Mikroverfilmungen, Auswertungen durch Datenbanken und für die Einspeicherung
und Verarbeitung in elektronische Systeme. Alle Rechte, auch die des auszugsweisen
Nachdrucks, der fotomechanischen Wiedergabe (einschließlich Mikrokopie) sowie
der Auswertung durch Datenbanken oder ähnliche Einrichtungen, vorbehalten.

Impressum:

Copyright © 2006 GRIN Verlag, Open Publishing GmbH
Druck und Bindung: Books on Demand GmbH, Norderstedt Germany
ISBN: 9783638751872

Dieses Buch bei GRIN:

http://www.grin.com/de/e-book/54511/phasen-und-regionale-strukturen-der-
industrieentwicklung-in-westdeutschland

Eric Petermann

Phasen und regionale Strukturen der Industrieentwicklung in Westdeutschland zwischen 1950 und 1990

GRIN Verlag

Eric Petermann

Universität Leipzig
Fakultät für Physik und Geowissenschaften
Institut für Geographie
Mittelseminar im Sommersemester 2006
„Industrieentwicklung in Deutschland"

Phasen und regionale Strukturen der Industrieentwicklung in Westdeutschland zwischen 1950 und 1990

Vorgelegt von
Eric Petermann

Eric Petermann

Inhaltsverzeichnis

Eric Petermann

1. Einleitung

Nach den Zerstörungen des Zweiten Weltkriegs, die die Städte und die Wirtschaft Deutschlands gleichermaßen trafen, gelang der Wiederaufbau Westdeutschlands überraschend schnell. Bereits in den 50er Jahren zeigte sich die Wirtschaft und dabei vor allem auch die Industrie deutlich erholt. Während des „Wirtschaftswunders" stieg Westdeutschland schnell wieder zu einer führenden Industrienation auf, womit auch ein starkes Ansteigen des allgemeinen Wohlstands verbunden war. Bis Mitte der 70er Jahre herrschte Vollbeschäftigung. In den Folgejahren zeichnete sich eine strukturelle Krise ab, die durch rapide ansteigende Arbeitslosenzahlen gekennzeichnet war. Weiterhin waren die Ausbildung eines ausgeprägten Süd-Nord-Gefälles und die Tendenz zur Suburbanisierung der Industrie zu konstatieren.

Anliegen dieser Arbeit ist es, die verschiedenen Phasen der industriellen Entwicklung zu skizzieren und unterschiedliche räumliche Entwicklungen herauszuarbeiten. Dabei sollen Merkmale dieser Phasen erläutert werden und auf Auswirkungen einzelner Ereignisse, wie der Ölkrise, näher eingegangen werden. Was waren die Voraussetzungen für den schnellen Wiederaufbau? Wodurch wurden die strukturellen Probleme der 70er und 80er Jahre hervorgerufen? Weiterhin soll kurz auf den in allen hoch industrialisierten Ländern anzutreffenden Trend zur Tertiärisierung der Wirtschaft eingegangen werden. Die Entwicklung unterschiedlicher Branchen soll ebenfalls nur angeschnitten werden. Detailliertere Ausführungen bleiben den noch anstehenden Arbeiten des Semesters vorbehalten.

Einen weiteren Schwerpunkt sollen die regional unterschiedlichen Entwicklungen der Industrie bilden. Was sind die Gründe für die Herausbildung des Süd-Nord-Gefälles? Wodurch ist dieses gekennzeichnet? Welche, die Industrie betreffenden Entwicklungen, sind in verschiedenen Raumstrukturtypen wie „Verdichtungsraum", „Altindustrialisierter Raum" oder „Peripherer Raum" zu erkennen? Auf Fallbeispiele muss auf Grund der gegebenen Kürze verzichtet werden. Auch hier sei auf die kommenden Arbeiten und Referate verwiesen.

2. Phasen der Industrieentwicklung zwischen 1950 und 1990

Die Einteilung der Industrieentwicklung in Phasen wurde anhand des Verlaufs der Arbeitslosenquote (vgl. Abb.1) vorgenommen, da diese wirtschaftliche Entwicklungen oft unmittelbar und schnell widerspiegelt. Die ersten Krisenanzeichen (Rezession 1967) stellten sicherlich einen Einschnitt dar, dennoch wurde, aufgrund der raschen Bewältigung dieser, von der Aufgliederung einer weiteren Phase abgesehen.

Die Zeit des Wiederaufbaus stellt die erste Phase dar. Sie beinhaltet die Jahre 1950 bis 1958 und ist durch deutliches Sinken der Arbeitslosigkeit gekennzeichnet. Phase 2 umfasst die Jahre der Vollbeschäftigung (Arbeitslosenquote geringer als 2%) von 1958 bis 1973. Phase 3 umspannt schließlich die Jahre von 1974 bis 1990, die insgesamt eine Tendenz zu steigender Arbeitslosigkeit aufweisen.

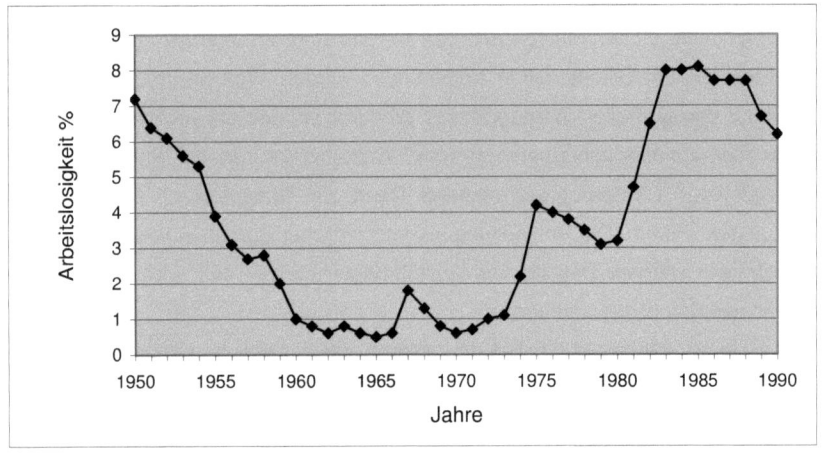

Abb. 1: Arbeitslosigkeit in Westdeutschland 1950 – 1990.
Quelle: Gaebe (1998), S. 128. (verändert)

2.1 Zeit des Wiederaufbaus 1950 - 1958

Grundbedingung für den Wiederaufbau war die Förderung der Montanindustrie. Kurze Zeit später erlebten Mineralölverarbeitung, Fahrzeug- und Maschinenbau, Chemie und Kunststoffe einen wahren Boom.

Die 50er Jahre waren gekennzeichnet durch starkes wirtschaftliches Wachstum, verbunden mit Kapitalakkumulation, sinkender Arbeitslosigkeit und wachsendem Wohlstand. Die Voraussetzungen dafür schufen die Währungsreform von 1948 (Abschaffung der zentralen Wirtschaftslenkung und Preisadministration), eine neue wirtschaftsfreundliche Gesetzgebung und Wirtschaftshilfe, die der BRD durch den Marshall-Plan[1] zugesichert wurde. Die soziale Marktwirtschaft verhalf in Verbindung mit einer weltweiten Hochkonjunktur und den schon angesprochenen Maßnahmen zu einem schnellen Wiederaufbau. Nicht außer Acht zu lassen ist ebenso die Unterbewertung der DM, weshalb deutsche Waren auf dem Weltmarkt verhältnismäßig billig waren. In den folgenden Jahren erlebte Westdeutschland ein wahres „Wirtschaftswunder". Dieses hielt bis Mitte der 60er Jahre an. Dabei gelang es auch die Millionen Vertriebenen zu integrieren und die Wohnungsnot zu lindern.[2]

Das billigere und leichter zu transportierende Erdöl verdrängte sukzessive die Steinkohle als Energieträger und Rohstoff. Zeitgleich entwickelte sich ein Massenbedarf an Heizöl und Autobenzin. Während immer neue Raffinerien, zunächst vor allem in Norddeutschland, später auch in Süddeutschland und im Rhein-Ruhr- und Rhein-Main-Gebiet, gebaut wurden, begann im Ruhrgebiet und im Saarland das „Zechensterben". Im Gegensatz zu Kohlekraftwerken, die nahe den Fördergebieten angesiedelt wurden, suchten Erdölraffinerien verstärkt die Nähe des Verbrauchers. Denn im Gegensatz zu petrochemischen Erzeugnissen, kann Rohöl über Pipelines verhältnismäßig leicht transportiert werden.[3]

2.2 Phase der Vollbeschäftigung 1959 – 1973

In den 60er Jahren ging der Trend zunehmend zu langlebigen Fertigwaren, während sich eine Krise für die Produktionsbereiche Leder, Textil, Bekleidung, Bergbau und Stahl abzeichnete.

Bis Mitte der 60er Jahre florierte die deutsche Wirtschaft, wobei die Wachstumsraten geringer wurden. Aufgrund von Arbeitskräftemangel wurden bereits seit 1955 Gastarbeiter angeworben. Auch der Anteil der Frauenbeschäftigung nahm zu. Durch die Rezession 1966/67 erlebte die Nachkriegswirtschaft nach fast zwanzigjährigem Wachstum einen ersten Rückschlag. Das Bruttosozialprodukt sank um 0,2 %, während die Arbeitslosenquote von 0,7 auf 2,2 % stieg. Neue wirtschaftspolitische Kon-

---

[1] Vom amerikanischen Außenminister George C. Marshall konzipiertes Programm zum Wiederaufbau der nach dem II. Weltkrieg enorm geschwächten Wirtschaft Europas. Die nach Westdeutschland fließenden Hilfsleistungen belaufen sich auf 1,5 Milliarden US-Dollar.
[2] Vgl. www.dhm.de/lemo/html/DasGeteilteDeutschland/index.html. (8.4.2006)
[3] Vgl. Brücher (1982), S. 91-93.

zepte der Großen Koalition (unter Kiesinger) brachten eine relativ schnelle konjunkturelle Erholung.[4]

Nach dem Ende der Ära Adenauer (1949-1963) fand in der Bundesrepublik ein Mentalitätswechsel statt, der in den Studentenunruhen Ende der 60er Jahre gipfelte.

Seit Ende der 50er Jahre verlor die Ruhrkohle an Bedeutung. In Folge der Substitution von Kohle durch Erdöl gerieten die Zechen des Ruhrgebiets in Absatznöte. Zwischen 1957 und 1990 sank die Beschäftigtenzahl im Bergbau von 400000 auf 113700[5]. Es kam zu Stilllegungen und Entlassungen.[6]

In den 60er Jahren setzte in verschiedenen Regionen eine allmähliche Deindustrialisierung ein. Diese betraf weniger solche mit hohem Anteil an Schlüsseltechnologieunternehmen und hoch spezialisierten unternehmensbezogenen Dienstleistungen, als altindustrialisierte Räume. Allerdings konnte die partielle industrielle Schrumpfung durch Wachstum anderer Branchen noch ausgeglichen werden.

2.3 Strukturelle Probleme 1974 – 1990

Die Ölkrise von 1973 löste die schwerste Wirtschaftskrise seit Kriegsende aus. Hervorgerufen wurde die Ölkrise durch Drosselung der Ölexporte der arabischen Länder in westliche Industrieländer. Die BRD wurde von dem Boykott hart getroffen, da sie ihren Energiebedarf zu 55% aus importiertem Erdöl bezog. In Folge der Ölkrise, die nicht nur in Westdeutschland, sondern weltweit eine Wirtschaftskrise hervorrief, stiegen Arbeitslosigkeit und Verschuldung der öffentlichen Haushalte. Nach Entspannung der politischen Krise im Nahen Osten lag das Preisniveau deutlich über dem vor 1973. Dies hatte besonders für die Automobilindustrie und ihre Zulieferbetriebe negative Folgen. Sowohl der inländische Absatz, als auch der Export ließen stark nach. Aufgrund der knappen Energievorräte, mussten die Industriebetriebe teilweise ihre Produktion einschränken, während auf Verbraucherseite durch Mehrausgaben für Energie die Kaufkraft sank. Die Unternehmen reagierten mit Kurzarbeit, Massenentlassungen und Firmenfusionen. Von 1974 bis 1975 verdoppelte sich fast die Arbeitslosenquote. Sie stieg von 2,2% auf 4,2%. Um weniger abhängig von Erdölimporten zu sein, geriet die Atomenergie zunehmend ins Blickfeld der Politik. Außerdem

---

[4] Vgl. www.dhm.de/lemo/html/DasGeteilteDeutschland/KontinuitaetUndWandel/index.html. (9.4.2006)
[5] Vgl. Dege (1991), S. 77.
[6] Vgl. www.dhm.de/lemo/html/DasGeteilteDeutschland/KontinuitaetUndWandel/WirtschaftlicheEntwicklungenInOstUndWest/kriseAnDerRuhr.html. (8.4.2006)

förderten die Erfahrungen der Ölkrise die Suche nach weiteren alternativen Energiequellen.[7]

Durch die Konkurrenzfähigkeit gegenüber neuen Wettbewerbern konnte sich die ex-
portorientierte BRD auf dem Weltmarkt in den Folgejahren dennoch behaupten. Jedoch stieg trotz konjunkturellen Aufschwungs die Arbeitslosigkeit in den kommenden
Jahren weiterhin. Die Ursache hierfür ist in dem Bedeutungsverlust früherer Schlüs-
selindustrien, wie Kohle und Stahl, zu sehen. Durch tief greifende Umstrukturie-
rungsprozesse und technische Neuerungen, die häufig zu Rationalisierungen führten, verloren diese an Arbeitsplatzkapazitäten. Mit der Etablierung der Mikroelektronik erfolgte eine Zäsur in der industriellen Produktion. In vielen Bereichen der Produktion konnte der Mensch durch automatische Fertigungsstraßen und Industriero-
boter ersetzt werden. Trotz des erneuten Wirtschaftsaufschwungs lag die Arbeitslosenquote 1990 noch bei 6,7 %, nachdem sie 1985 gar auf 8,1% angestiegen war
(vgl. Abb.1). Verstärkt wurde die steigende Zahl der Arbeitslosen durch die Nachwir-
kungen des Babybooms der 60er Jahre. Einen weiteren Grund für die wirtschaftliche
Krise stellte die zunehmende Verschiebung der ersten Verarbeitungsstufen in Roh-
stoff- und Billiglohnländer dar. In der BRD bildete sich immer stärker eine Standort-
ungunst für energie- und rohstoffintensive Produktionen, sowie für lohnkostenintensi-
ve Konsum- und Investitionsgüterindustrien heraus.[8]

---

[7] Vgl. dhm.de/lemo/html/DasGeteilteDeutschland/NeueHerausforderungen/Weltwirtschaftskrise/oelkrise.html.
(9.4.2006)
[8] Vgl. Brücher/ Riedel (1991), S. 51, 52.

3. Sektoraler Strukturwandel

Im Untersuchungszeitraum kam es zu starken Verschiebungen zwischen den einzelnen Wirtschaftsbereichen. Nach der Kulmination in den 70er Jahren nimmt der Anteil, der im sekundären Sektor beschäftigten Personen, wieder ab. Betrachtet man
die Entwicklung der anderen Wirtschaftssektoren zwischen 1950 und 1990, so ist
festzustellen, dass der land- und forstwirtschaftliche Sektor kontinuierlich Verluste zu
verzeichnen hat, während die Anteile des Dienstleistungssektors an der Gesamtbe-
schäftigung stetig stiegen. Der industrielle Sektor wuchs bis in die 70er Jahre an, um
danach wieder an Gewicht zu verlieren. Der tertiäre Sektor löste bereits in 60er Jahren den sekundären als größten Wirtschaftsbereich ab, weshalb auch von einer Tertiärisierung der Wirtschaft gesprochen werden kann. Ändert man den Blickwinkel,
kann man aber auch eine Deindustrialisierung sehen. Dabei ist zu bedenken, dass
Deutschland, im Vergleich mit anderen hoch entwickelten Ländern, nach wie vor ü-
berdurchschnittlich hohe Anteile an industrieller Produktion aufweist. [9]

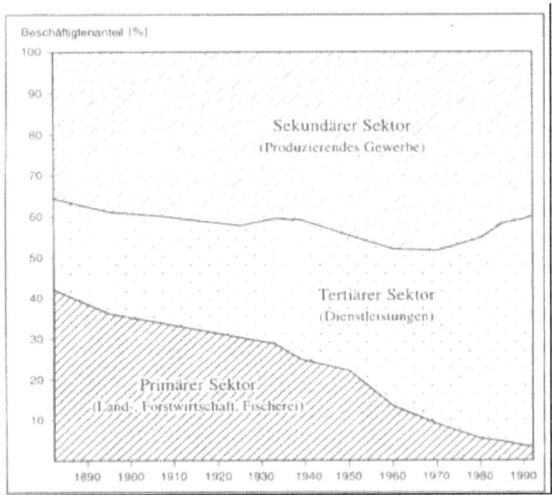

Abb. 2: **Veränderung der Beschäftigtenanteile der Wirtschaftssektoren Deutschlands.**
Quelle: Gaebe (1998), S. 159.

Während beim Übergang von der Landwirtschaft in die Industrie seit Beginn des
19.Jh. keine grundlegend anderen Kenntnisse nötig waren, stellt sich dies bei der in
den 70er Jahren einsetzenden Umstrukturierungsphase anders dar. Die für viele

---

[9] Vgl. Gaebe (1998), S. 128-131.

Dienstleistungen benötigten Qualifikationen unterschieden sich meist grundlegend von denen der industriellen Produktion.[10]

Wesentliche Gründe für den strukturellen Wandel sind der verschärfte globale Wettbewerb, die Nachfrageverschiebung von Massengütern zu bedarfsspezifischen Gütern, hohe Produktionskosten und nachlassende Innovationskraft der Unternehmen. Aufgrund der weitgehend gesättigten Nachfrage in Deutschland, stellt die zunehmende Produktion in wachsenden Märkten Konkurrenz dar. Die wachsenden Märkte in Lateinamerika und Asien können nicht mehr allein von Deutschland aus erschlossen werden, weshalb eine Auslagerung der Produktion erfolgt. Ein Hauptgrund sind dabei die hohen Produktionskosten in Deutschland, wobei Arbeitskostenunterschiede die Unterschiede der Arbeitsproduktivität nicht mehr übersteigen. Selbst hochwertige Güter können in Deutschland kaum noch wettbewerbsfähig hergestellt werden. Neben den hohen Lohnkosten wurde Deutschland nach der Auflösung des Systems fester Wechselkurse 1973 auch durch die Aufwertung der D-Mark zum Hochlohnland.[11]

---

[10] Vgl. Gaebe (1998), S. 138.
[11] Vgl. Gaebe (1998), S. 135, 136.

4. Entwicklung verschiedenen Branchen

Trotz der Tendenz zur Deindustrialisierung gibt es innerhalb des industriellen Sektors durchaus gegenläufige Entwicklungen. Zum einen sind Branchen mit erheblichen Zuwächsen zwischen 1950 und 1990 vorhanden, auf der anderen Seite Branchen mit klaren Verlusten. Im folgenden Abschnitt soll darauf kurz eingegangen werden.

Gewerbezweig	Beschäftigtenanteile in %		
	1950	1970	1990
Eisen- und Metallgewerbe	23	30	34
Elektrogewerbe, Feinmechanik	6	12	14
Baugewerbe	18	18	17
Steine, Erden, Chemie	9	12	13
Holz-, Papier- und Druckgewerbe	10	8	8
Textil-, Bekleidungs-, Ledergewerbe	17	10	5
Nahrungsgewerbe	10	8	7
Bergbau	7	2	2

Tab.1: Entwicklung der Gewerbezweige in Westdeutschland 1950 – 1990.
Quelle: Gaebe (1998), S. 132. (bearbeitet)

4.1 Prosperierende Branchen

Einer der Gewinner ist das Eisen- und Metallgewerbe, zu dem auch Maschinen- und Fahrzeugbau zählen. Die Investitionsgüterindustrie stellt, gemessen an Wertschöpfung und Beschäftigung, die größte Gruppe im verarbeitenden Gewerbe dar. Diese Branche ist gekennzeichnet durch überdurchschnittlich hohe Exporte, was einerseits Ausdruck hoher Wettbewerbsfähigkeit und außenwirtschaftlicher Verflechtung, andererseits aber auch großer Abhängigkeit von Auslandsmärkten ist. Da keine feinere Aufteilung der Branchen vorgenommen wird, ist nicht zu erkennen, dass auch innerhalb des Eisen- und Metallgewerbes divergierende Entwicklungen stattfanden. Beispielsweise die Eisenproduktion verzeichnet deutliche Verluste. Die Elektroindustrie stellt einen weiteren prosperierenden Wirtschaftszweig dar. Mit 1,11 Mio. Beschäftigten wurde 1974 die Höchstmarke erreicht. Zu den Hauptproduktgruppen zählten Haushaltsgeräte und Unterhaltungselektronik, bei denen jedoch im Laufe der 70er Jahre eine allmähliche Sättigung des Marktes eintrat. Seither findet eine sukzessive Veränderung der Produktstruktur statt. Der Anteil der Investitionsgüter und Bauelemente steigt zu ungunsten der Gebrauchsgüter an.[12]

---

[12] Vgl. Gaebe (1998), S. 148-151.

Eine positive Entwicklung ist weiterhin bei der Informations- und Kommunikationstechnik und der Energie-, Bio- und Umwelttechnik festzustellen.

4.2 Branchen mit Bedeutungsverlust

Wie in Tabelle 1 zu erkennen, ist der Rückgang des Textil-, Bekleidungs- und Ledergewerbes besonders stark. Die einstige Wachstumsindustrie Deutschlands im 19. Jh. war der erste Industriezweig, der stark unter Anpassungsdruck geriet. Seit den 50er Jahren übersteigen die Importe, vor allem aus Ländern wie China, Türkei und Hongkong, die Exporte. Die Textil- und Bekleidungsindustrie ist gekennzeichnet durch erhebliche Abnahme der Standorte, der Arbeitsstätten und teilweise auch der Produktion. Hauptgründe stellen dabei Nachfrage- und Bedarfsänderungen, starker internationaler Wettbewerb und hohe Produktionskosten dar. Darüber hinaus stellen auch Auflagen zur Abwasserreinigung und zum Immissionsschutz Belastungen gegenüber ausländischen Konkurrenten dar.[13] Allein zwischen 1973 und 1983 sank die Zahl der Beschäftigten in der Textilindustrie von 431000 auf 235000.[14]

Innerhalb des Eisen- und Metallgewerbes stellt die Automobilindustrie eine schrumpfende Sparte dar. In den 70er und 80er Jahren zeichnete sich allmählich die Entwicklung ab, die Produktion ins Ausland zu verlagern. Auch die deutschen Fabriken beziehen immer mehr Zulieferungen aus dem Ausland.[15]

Weitere Branchen mit sinkender Bedeutung sind vor allem Bergbau, Stahl-, Werft- und Mineralölindustrie. Durch Subventionspolitik wurde der Niedergang alter Industriezweige versucht zu bremsen.

---

[13] Vgl. Gaebe (1998), S. 142-147.
[14] Vgl. Brücher/ Riedel (1991), S. 52.
[15] Vgl. Gaebe (1998), S. 132, 133.

5. Räumliche Aspekte der Industrieentwicklung

Im Folgenden sollen räumliche Aspekte der Industrieentwicklung zwischen Zweitem Weltkrieg und deutscher Wiedervereinigung auf verschiedenen Maßstabsebenen erläutert werden. Dabei sollen zum einen Entwicklungen in den unterschiedlichen Raumstrukturtypen „Verdichtungsraum", „Altindustrialisierter Raum" und „Peripherer Raum" näher beleuchtet werden. Zum anderen liegt das Augenmerk auf generellen Schwerpunktverlagerungen im damaligen Bundesgebiet.

5.1 Regionale Entwicklung von Industriestrukturen

5.1.1 Verdichtungsräume

Wie bereits erwähnt, erfuhr der tertiäre Sektor im untersuchten Zeitraum einen deutlichen Bedeutungsgewinn. Die Ausdehnung des Dienstleistungssektors vor allem im City-Bereich bzw. die verschärfte Standortkonkurrenz zwischen Industrie und Dienstleistungsbetrieben verursachte ein Ansteigen der Bodenpreise und eine Flächenverknappung. Dies veranlasste viele Industriebetriebe zur Verlagerung der Produktion außerhalb bzw. an die Ränder der Verdichtungsräume. Bei der so genannten Industriesuburbanisierung findet ein intraregionaler Dekonzentrationsprozess, bezogen auf Bevölkerung, Beschäftigte oder auch auf Flächennutzungskategorien, statt. Durch die Ansiedlung von Industrie im suburbanen Raum kommt es zu einer enormen Ausweitung von Flächennutzung und Bebauung. Während die City nach wie vor den Standort der Verwaltung darstellt, erfahren die Kernbereiche der Agglomerationen durch die Verlagerung der Produktion einen industriellen Bedeutungsverlust. Aus Unternehmersicht sind hoher Flächenbedarf, Produktionsumstrukturierungen, Umweltauflagen oder auch ungünstige Verkehrsverbindungen Hauptgründe für die Verlagerung. Das Phänomen der Industriesuburbanisierung lässt sich in allen westdeutschen Städten beobachten.[16]

5.1.2 Altindustrialisierte Räume

Altindustrialisierte Räume sind gekennzeichnet durch eine früh einsetzende Industrialisierung. Typische Branchen stellen vor allem Textil-, Stahl- und Werftindustrie dar. Anpassungsprozesse werden vor allem durch einseitig ausgerichtete Qualifikationsstrukturen und durch geringe unternehmerische Innovationskraft erschwert. Be-

---

[16] Vgl. Maier/Beck (2000), S. 116-123.

sonders problematisch wirkte sich der monostrukturierte Industrieaufbau aus, der in diesen Regionen meist mit dominanten Großunternehmen einhergeht. Mit Rückgang der Absatzchancen setzten ökonomische, politische und soziale Selbstverstärkungseffekte ein, die zu einer tief greifenden strukturellen Krise führten. Die große Abhängigkeit von einem Industriezweig führte zu struktureller Arbeitslosigkeit und Abwanderung. Ein weiteres Problem stellt das geringe Potential innovativer und zukunftsorientierter Branchen dar. Auch Bildungseinrichtungen zur Qualifikation der Arbeitnehmer sind nur unzureichend vorhanden bzw. stark auf den beherrschenden Industriezweig ausgerichtet.[17] Beispielsweise das Ruhrgebiet mit 5,5 Mio. Einwohnern bekam erst 1965 die erste Universität[18]. Altlast-Probleme und Brachflächen können Gründe für das oftmals schlechte Image dieser Regionen sein, was für potentielle neue Investoren ebenfalls Gründe einen Standortfaktor, der gegen eine Region spricht, darstellen kann.

In ehemals durch Montanindustrie dominierten Gebieten, wie im Saarland und im Ruhrgebiet, vollzog sich regional ein Übergang zur Automobilindustrie als Hauptindustriezweig. In Folge der Massenmotorisierung westeuropäischer Gesellschaften wurden Produktionskapazitäten in die vom Niedergang der Montanindustrie betroffenen Regionen verlagert. Hauptgründe stellen die Verfügbarkeit ausreichender Arbeitskräfte und die langjährige Erfahrung in großindustrieller Beschäftigung dar. Ein Beispiel stellt das in den 60er Jahren gegründete Fordwerk in Saarlouis dar.[19]

Beispiele für Regionen mit derartigen Problemen in Westdeutschland sind Bremerhaven und Hamburg (Schiffsbau), Augsburg (Textilindustrie) sowie Ruhrgebiet und Saarland (Montanindustrie).

5.1.3 Periphere Räume

Durch den wirtschaftlichen Aufschwung und Erreichen der Vollbeschäftigung Mitte der 60er Jahre entstand in den dominierenden Industriezentren nicht nur Flächenmangel, sondern vor allem Beschäftigtenmangel und verbunden damit hohe Lohnkosten. Durch Freisetzung vieler Beschäftigter aus der Landwirtschaft bzw. relativ hoher Geburtenraten waren in den peripheren Räumen viele Arbeitskräfte verfügbar. Für die teilweise Verlagerung der industriellen Produktion in periphere Räume waren die geringeren Lohnkosten, das größere Arbeitskräftepotential, die wesentlich preis-

---

[17] Vgl. Maier/Beck (2000), S. 124, 125.
[18] Vgl. Brücher/ Riedel (1991), S. 65.
[19] Vgl. Schulz/ Dörrenbächer (2005), S.20.

werter verfügbaren Betriebsflächen und staatliche Finanzierungshilfen hauptverant-
wortlich.[20]

Seit den 60er Jahren kam es vorwiegend in der Konsumgüterindustrie zu Zweigbe-
triebsgründungen, in denen fordistische Produktionsweisen (Massenproduktion und
standardisierte Fertigungsverfahren) prägend waren. Während in den 60er Jahren
die Aufnahme freigesetzter Arbeitskräfte aus der Landwirtschaft positiv hervorgeho-
ben wurde, kam in den 80er Jahren wachsende Kritik an Zweigbetrieben im peripheren Raum auf, da diese Standorte dem verschärften globalen Wettbewerb zunehmend schlechter gewachsen waren. So kam es in dieser Zeit wieder zu Schließun-
gen vieler dieser Zweigbetriebe und zu Produktionsverlagerungen ins Ausland.[21]

5.2 Ausbildung eines Süd-Nord-Gefälles

BRÜCHER/ RIEDEL (1991) warnen bei der Beurteilung des Süd-Nord-Gefälles ein-
dringlich davor, nördlich des Mains nur Negatives und Rückständiges, südlich nur
Positives und Fortschrittliches zu sehen. Auch ist teilweise die Zuordnung einzelner
Länder (z.B. Hessen) zu Nord bzw. Süd nicht eindeutig.[22]

Dennoch ist während des Untersuchungszeitraums eine sukzessive Verlagerung des
industriellen Schwerpunkts der BRD nach Süden festzustellen. Während die Industrie des Nordens beim Wiederaufbau (Montanindustrie, Werften etc.) eine bedeutende
Rolle spielte, zeigten sich speziell seit den 70er Jahren Anzeichen für eine divergierende Entwicklung. Hervorgerufen wurde dies durch eine zunehmende Entwick-
lungsschwäche des Nordens und eine überdurchschnittliche Steigerung der industriellen Produktion im Süden. Die abweichende Entwicklung spiegelt sich auch in e-
norm unterschiedlichen Arbeitslosenquoten wider. 1986 verzeichnete die Küstenlän-
der, NRW und das Saarland 11,2 %, der Süden hingegen nur zwischen 5,1 und 8,6
%.[23]

Eine erste Ursache des Süd-Nord-Gefälles ist die Teilung des Deutschen Reichs. Die
beherrschende Hauptachse Berlin-Ruhrgebiet wurde zerschnitten, das Industriezent-
rum Berlin damit isoliert und durch Firmenverlagerungen, wie die von Siemens nach
München, weiter geschwächt. Die Verlagerung des Firmenhauptsitzes von Siemens
in die bayrische Metropole stellte zugleich einen entscheidenden Impuls für deren

---

[20] Vgl. Maier/ Beck (2000), S. 140.
[21] Vgl. Maier/ Beck (2000), S. 140-142.
[22] Vgl. Brücher/ Riedel (1991), S. 71.
[23] Vgl. Brücher/ Riedel (1991), S. 58.

boomartige Entwicklung zur Industriemetropole dar. Negativ für die Entwicklung des Nordens wirkte sich die politisch-administrative Trennung von Flächenstaaten und Stadtstaaten (Hamburg, Bremen) aus. So verlor Hamburg ständig Industrie an das Umland. Die Krise von Bergbau und Stahlindustrie trafen die traditionellen Montanreviere an Ruhr und Saar, womit aufgrund der monostrukturellen Ausrichtung ganze Ballungsräume betroffen sind. Positive Auswirkungen für gesamte Regionen haben die Existenz von Wachstumsbranchen. Hervorzuheben sind die Chemieindustrie an der Rheinachse oder Elektro- und Elektronikindustrie, Automobilbau und Maschinenbau in den Regionen Stuttgart und München.[24] Die südlichen Regionen bieten auch meist höhere Lebens- und Freizeitqualität und haben oft ein besseres Image als die Regionen des Nordens. Diese Einflussgrößen sind als weiche Standortfaktoren nicht zu unterschätzen.[25]

Eine weitere Ursache für regional unterschiedliche Entwicklungen stellt die Lage vieler altindustrialisierter Räume (siehe 5.1.2) im Norden dar. Während im Norden Altindustrieräume dominant waren, sind im Süden oftmals alte Industrieräume vorhanden, die jedoch nicht in ihrer alten Struktur verharrten. Die Verschiebung in der Industrieproduktion von Massen- zu Spezialgütern brachte dem Süden, der durch Branchenvielfalt und Präsenz neuer Wachstumsindustrien gekennzeichnet ist, Wettbewerbsvorteile. Für Württemberg beispielsweise wirkte sich die Vielzahl klein- und mittelständischer Industrie positiv aus, da sich diese im Vergleich zu Großunternehmen während des strukturellen Wandels als anpassungsfähiger erwiesen. Für den Norden fällt die Bilanz mit einer Vielzahl von Werften, Zechen und Hütten negativ aus.[26]

Weiterhin verloren die klassischen Standortfaktoren „Transportkosten" und „Nähe von Rohstoffen und Energie", die einst Ruhr, Saar und Häfen begünstigten und den Süden benachteiligten, nach und nach an Bedeutung. Die Industrielandschaft des Südens ist charakterisiert durch Branchen wie Kraftfahrzeugbau, Elektrotechnik und Elektronik, Maschinenbau, Feinmechanik und Optik oder auch Luftfahrtindustrie. Durch ein verzweigtes Netz von Zulieferern wird ein Multiplikatoreffekt ausgelöst und die Verflechtung zwischen den Branchen gefördert.[27]

Insgesamt war der Süden bei der Entwicklung neuer Produkte und Technologien, die einerseits Arbeitsplätze einsparten, andererseits neue schufen, erfolgreicher.[28]

---

[24] Vgl. Brücher/ Riedel (1991), S. 56.
[25] Vgl. Brücher/ Riedel (1991), S. 61-64.
[26] Vgl. Brücher/ Riedel (1991), S. 51.
[27] Vgl. Brücher/ Riedel (1991), S. 61-65
[28] Vgl. Brücher/ Riedel (1991), S. 69.

6. Fazit

Kluge Wirtschaftspolitik, Finanzhilfe (Marshall-Plan) und hohe Leistungsbereitschaft der Bevölkerung waren Grundlagen für den raschen wirtschaftlichen Wiederaufbau nach dem Zweiten Weltkrieg. Wichtigster Industriezweig war dabei zu Beginn der 50er Jahre die Montanindustrie. Während der Ölkrise von 1973 wirkte sich die große Abhängigkeit von ausländischen Energiequellen negativ aus. Die Ölpreise stiegen, was die Produktionskosten steigen und den Absatz durch abnehmende Kaufkraft sinken ließ. Das Verharren in alten Strukturen bzw. die fehlende Innovationskraft waren Hauptursachen für die negative Entwicklung der Industrie seit Mitte der 70er Jahre. Hohe Lohnkosten, Sättigung des Marktes und verstärkter globaler Wettbewerb sind weitere Gründe für den partiellen industriellen Niedergang. Exemplarisch sei hier die Textilindustrie zu nennen. Durch Innovationen in der Produktion wurden einst manuelle Arbeitsprozesse zunehmend automatisiert. Dadurch wurden für die Produktion immer weniger Menschen benötigt.

Betrachtet man einzelne Industriezweige, ging die Tendenz zu technologieintensiven Branchen, wie etwa der Mikroelektronik. Eine andere wichtige Ursache für den Verlust industrieller Arbeitsplätze liegt in der ansteigenden Tertiärisierung der Wirtschaft. Analysiert man Veränderungen der räumlichen Schwerpunkte der Industrien, bleibt eine Verlagerung von Nord nach Süd festzuhalten. Waren in den 50er Jahren noch die Montanreviere an Ruhr und Saar und die Werften des Nordens Konzentrationspunkte, wurden im Laufe des Untersuchungszeitraums die Großräume Stuttgart und München dominanter. Der Süden war Ende der 80er Jahre u.a. gekennzeichnet durch geringere Arbeitslosenquoten, höheres wirtschaftliches Wachstum und höheren Besatz mit Wachstumsindustrien. Durch den kontinuierlichen Bedeutungsverlust der Steinkohle als Energieträger verloren die Montanreviere an Bedeutung. Gleichzeitig schwand die Bedeutung der Standortfaktoren „Transportkosten" und „Nähe von Rohstoffen und Energie", was bei der Verschiebung des Industrieschwerpunkts ebenfalls eine tragende Rolle spielte.

Auch innerregional wandelte sich das Erscheinungsbild der Industrie. Während in den Verdichtungsräumen die Industriedichte abnahm, stieg sie im Umland an (Industriesuburbanisierung). Altindustrieräume gerieten durch den monostrukturierten Industrieaufbau in eine schwere Krise. Im peripheren Raum wurden durch die Möglichkeit weniger preisintensiver Produktion Zweigbetriebe gegründet, die während der

80er Jahre durch wachsenden globalen Wettbewerb unter Anpassungsdruck gerieten.

7. Quellenverzeichnis

7.1 Literatur

- Brücher, Wolfgang/ Riedel, Heiko: Jüngere industriegeographische Veränderungen in der Bundesrepublik Deutschland unter besonderer Berücksichtigung des sogenannten Süd-Nord-Gefälles, in: Brücher, Wolfgang et al. (Hg.): Industriegeographie der Bundesrepublik Deutschland und Frankreichs in den 1980er Jahren. Band 70. Frankfurt/M. 1991, S. 51-74. (Studien zur internationalen Schulbuchforschung)

- Brücher, Wolfgang: Industriegeographie. Braunschweig 1982. (Das Geographische Seminar)

- Dege, Wilfried: Das Ruhrgebiet – eine Industrieregion im Wandel, in: Brücher, Wolfgang et al. (Hg.): Industriegeographie der Bundesrepublik Deutschland und Frankreichs in den 1980er Jahren. Band 70. Frankfurt/M. 1991, S. 75-95. (Studien zur internationalen Schulbuchforschung)

- Gaebe, Wolf: Industrie, in: Kulke, Elmar (Hg.): Wirtschaftsgeographie Deutschlands. Gotha 1998, S. 87-155.

- Maier, Jörg/ Beck, Rainer: Allgemeine Industriegeographie. Gotha 2000.

- Schulz, Christian/ Dörrenbächer, H. Peter: Grenzraum Saarland-Lothringen – Vom Montandreieck zur Automobilregion? In: Geographische Rundschau, 2005(12), Jg. 57, S. 20-26.

7.2 Websites

- www.dhm.de (Deutsches Historisches Museum)